5-6歲 上

# 幼稚園腦力
## 邏輯思維訓練

何秋光 著

新雅文化事業有限公司
www.sunya.com.hk

**幼稚園腦力邏輯思維訓練（5-6歲上）**

作　　者：何秋光
責任編輯：趙慧雅
美術設計：蔡學彰
出　　版：新雅文化事業有限公司
　　　　　香港英皇道 499 號北角工業大廈 18 樓
　　　　　電話：（852）2138 7998
　　　　　傳真：（852）2597 4003
　　　　　網址：http://www.sunya.com.hk
　　　　　電郵：marketing@sunya.com.hk
發　　行：香港聯合書刊物流有限公司
　　　　　香港荃灣德士古道220-248號荃灣工業中心16樓
　　　　　電話：（852）2150 2100
　　　　　傳真：（852）2407 3062
　　　　　電郵：info@suplogistics.com.hk
印　　刷：中華商務彩色印刷有限公司
　　　　　香港新界大埔汀麗路36號
版　　次：二〇二二年一月初版
　　　　　二〇二三年三月第二次印刷

ISBN: 978-962-08-7901-2
©2022 Sun Ya Publications (HK) Ltd.
18/F, North Point Industrial Building, 499 King's Road, Hong Kong
Published in Hong Kong SAR, China
Printed in China

## 系列簡介

　　本系列圖書由中國著名幼兒數學教育專家何秋光編寫，根據 3-6 歲兒童腦力思維的發展設計有趣的活動，培養九大邏輯思維能力：觀察力、判斷力、分析力、概括能力、空間知覺、推理能力、想像力、創造力、記憶力，幫助孩子從具體形象思維提升至抽象邏輯思維。全套共有 6 冊，分別為 3-4 歲、4-5 歲以及 5-6 歲（各兩冊），全面展示兒童在上小學前應當具備的邏輯思維能力。

## 作者簡介

　　何秋光是中國著名幼兒數學教育專家、「兒童數學思維訓練」課程的創始人，北京師範大學實驗幼稚園專家。從業 40 餘年，是中國具豐富的兒童數學教學實踐經驗的學前教育專家。自 2000 年至今，由何秋光在北京師範大學實驗幼稚園創立的數學特色課「兒童數學思維訓練」一直深受廣大兒童、家長及學前教育工作者的喜愛。

# 目錄

## 量的推理

## 圖形推理

## 數字推理

## 記憶力

## 分析與概括

## 九大邏輯思維能力

| | | 觀察能力 | 判斷能力 | 分析能力 | 概括能力 | 空間知覺 | 推理能力 | 想像力 | 創造力 | 記憶力 |
|---|---|---|---|---|---|---|---|---|---|---|
| 第 1 冊<br>(3-4 歲上) | 觀察與比較 | ✓ | | | | | | | | |
| | 觀察與判斷 | ✓ | ✓ | | | | | | | |
| | 空間知覺 | | | | | ✓ | | | | |
| | 簡單推理 | | | | | | ✓ | | | |
| 第 2 冊<br>(3-4 歲下) | 觀察與比較 | ✓ | | | | | | | | |
| | 觀察與分析 | ✓ | | ✓ | | | | | | |
| | 觀察與判斷 | ✓ | ✓ | | | | | | | |
| | 判斷能力 | | ✓ | | | | | | | |
| 第 3 冊<br>(4-5 歲上) | 概括能力 | | | | ✓ | | | | | |
| | 空間知覺 | | | | | ✓ | | | | |
| | 推理能力 | | | | | | ✓ | | | |
| | 想像與創造 | | | | | | | ✓ | ✓ | |
| | 記憶力 | | | | | | | | | ✓ |
| 第 4 冊<br>(4-5 歲下) | 觀察能力 | ✓ | | | | | | | | |
| | 分析能力 | | | ✓ | | | | | | |
| | 判斷能力 | | ✓ | | | | | | | |
| | 推理能力 | | | | | | ✓ | | | |
| 第 5 冊<br>(5-6 歲上) | 量的推理 | | | | | | ✓ | | | |
| | 圖形推理 | | | | | | ✓ | | | |
| | 數位推理 | | | | | | ✓ | | | |
| | 記憶力 | | | | | | | | | ✓ |
| | 分析與概括 | | | ✓ | ✓ | | | | | |
| 第 6 冊<br>(5-6 歲下) | 分析能力 | | | ✓ | | | | | | |
| | 空間知覺 | | | | | ✓ | | | | |
| | 分析與概括 | | | ✓ | ✓ | | | | | |
| | 想像與創造 | | | | | | | ✓ | ✓ | |

# 動物玩遊戲

「動物們在玩遊戲，排成一隊走出去，1隻走在2隻前，1隻走在2隻後，1隻走在2隻中。」請你根據兒歌的內容，想一想一共有多少隻動物，然後在下面4組動物中選出正確的那一組，並在格子裏塗上顏色。

# 貓捉老鼠

量的推理

如果3隻貓在6分鐘裏一共捉了9隻老鼠,每隻貓捉的老鼠一樣多,那麼每隻貓捉了多少隻老鼠?請你在圖裏把每隻貓和牠捉的老鼠一起圈起來。

# 鴨子有多少

量的推理

小鴨子們排成隊，2隻前面有2隻，2隻後面有2隻，2隻中間有2隻，一共有多少隻小鴨子在排隊？請你在下面4組小鴨子中選出正確的那一組，並把數字圈起來。

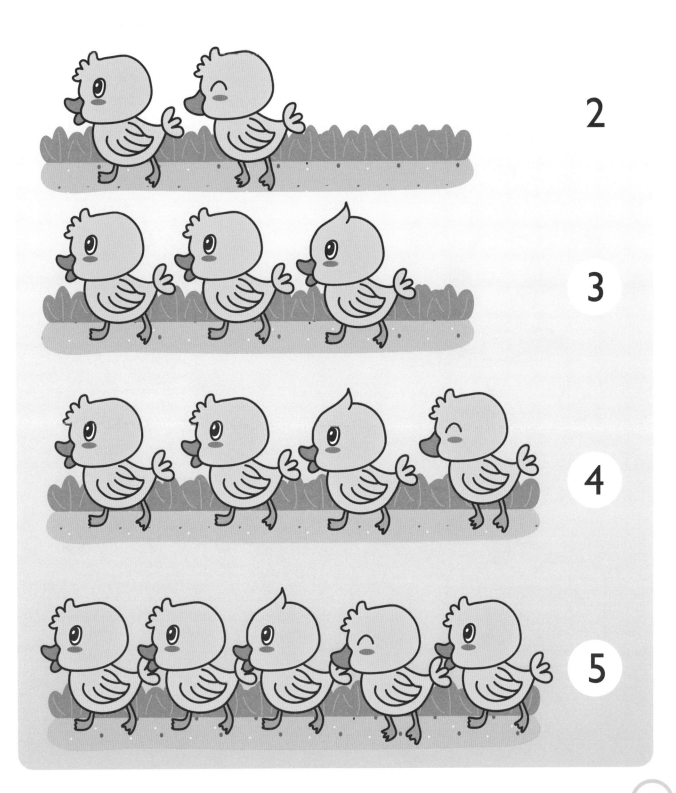

2

3

4

5

請你回答動物們提出的問題，並把正確的答案圈起來。

# 住在哪一層

量的推理

請你回答動物們提出的問題，並把答案寫在格子裏。

| 10 |
| 9 |
| 8 |
| 7 |
| 6 |
| 5 |
| 4 |
| 3 |
| 2 |
| 1 |

我住的樓層往上走4層就是第10層，猜猜我住在第幾層。

我住的樓層比小猴子高1層，猜猜我住在第幾層。

我住的樓層比10層低5層，猜猜我住在第幾層。

我住的樓層比小狗高3層，猜猜我住在第幾層。

# 動物圍一圈

動物們圍成一圈玩遊戲，無論順時針轉還是逆時針轉，小猴子和小熊中間都隔了4隻動物，一共有多少隻動物呢？請你在格子裏寫出正確的數字。

# 放鞋子

量的推理

一個鞋盒裏放2隻鞋，20隻鞋需要多少個鞋盒？請你在格子裏寫出正確的答案。

# 小貓去釣魚

3隻小貓一共釣到了27條魚,小黑貓和小白貓釣到的魚一樣多,小黃貓釣到的最少,牠們分別釣了幾條魚?可以有多種答案。請你在格子裏寫出其中一個答案組合。

# 動腦走迷宮

要想通過這個小貓迷宮，就需要給遇到的每隻小貓2條小魚。現在一共有12條小魚，怎麼走才能到達終點，而且用掉的小魚最少呢？請你畫出正確的路線。

# 漲價了

量的推理

下面的這些糕點都漲價了。請你計算出它們現在的價格，然後把答案寫在格子裏。

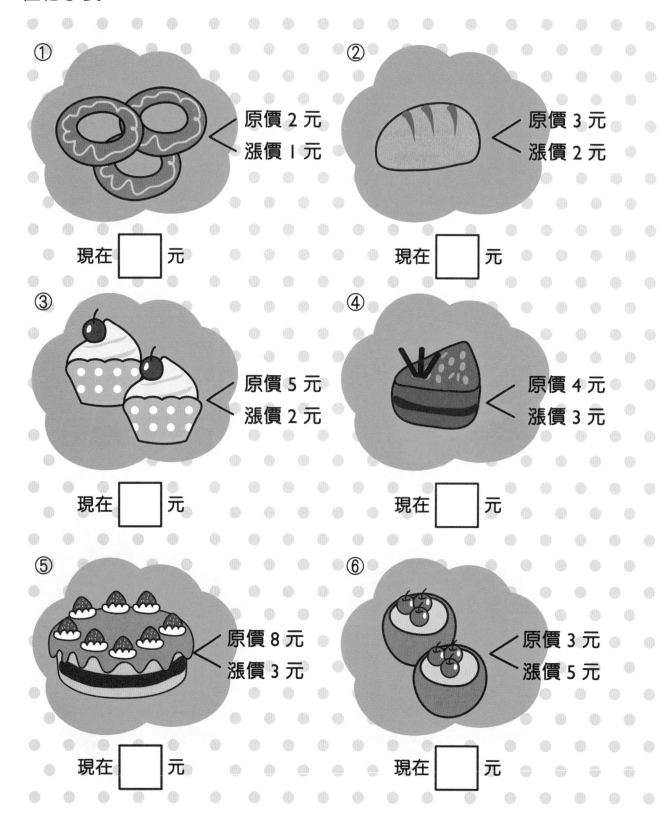

① 原價 2 元
漲價 1 元

現在 ☐ 元

② 原價 3 元
漲價 2 元

現在 ☐ 元

③ 原價 5 元
漲價 2 元

現在 ☐ 元

④ 原價 4 元
漲價 3 元

現在 ☐ 元

⑤ 原價 8 元
漲價 3 元

現在 ☐ 元

⑥ 原價 3 元
漲價 5 元

現在 ☐ 元

# 降價了

量的推理

下面的這些蔬菜都降價了。請你計算出它們現在的價格，然後把答案寫在格子裏。

① 原價 3 元
降價 1 元

現在 ☐ 元

② 原價 4 元
降價 2 元

現在 ☐ 元

③ 原價 5 元
降價 3 元

現在 ☐ 元

④ 原價 8 元
降價 5 元

現在 ☐ 元

⑤ 原價 6 元
降價 2 元

現在 ☐ 元

⑥ 原價 7 元
降價 3 元

現在 ☐ 元

# 平衡的天秤

要讓天秤保持平衡，第三個天秤右邊應該放多少個杯子蛋糕？請你把正確數量的杯子蛋糕畫在天秤上。

# 誰輕誰重

量的推理

動物們在玩蹺蹺板，請你看一看牠們誰輕誰重，並在動物們舉的旗子上按照從輕到重的順序寫上1，2，3和4。

下面4組動物想和大熊貓和小兔子一樣保持天秤的平衡，請你幫助牠們在天秤的格子裏填上正確的數字。

① 3 + 5　　4 + ☐

② 7 + 2　　☐ + 3

③ ☐ + 2　　3 + 3

④ 4 + 1　　☐ + 3

# 多少個蘋果

請你觀察前兩個天秤上的水果數量，想一想，3號天秤的右邊需要放幾個蘋果才能保持平衡？請你在天秤上畫出正確的答案。

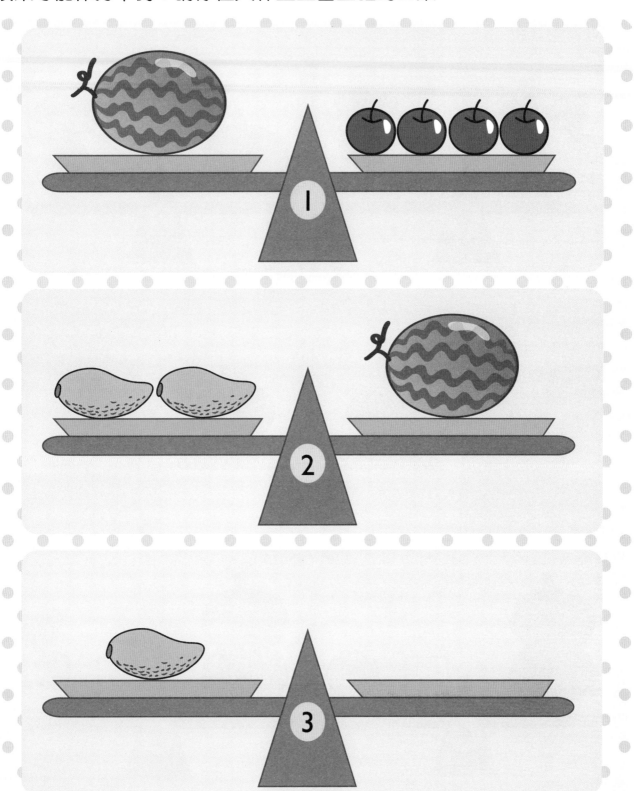

# 天秤上的水果

量的推理

請你觀察1、2、3號天秤上的蔬菜數量,想一想,4號天秤上,2個南瓜等於幾棵白菜? 5號天秤上,2個南瓜等於幾個蘿蔔?請在天秤的格子裏寫出正確的數字。

量的推理

4隻小熊比賽舉重，誰舉的杠鈴最重誰就是冠軍。請你在得到冠軍的小熊胸前畫上一朵大紅花吧！

# 小鹿和小鳥

請你根據圖中的提示，想一想，1隻小鹿等於多少隻小鳥，並在下面的3組答案中找出正確的那一組，並圈起來。

# 小狗和小雞

量的推理

請你根據圖中的提示，想一想，1隻小狗和多少隻小雞一樣重，並按照這個數量給白色的小雞塗上顏色。

量的推理

請你根據圖中的提示，想一想，1隻袋鼠等於多少隻松鼠，1隻小鹿等於多少隻老鼠，並把正確的答案寫在格子裏。

請你根據圖中的提示，想一想，1隻小貓等於多少隻鴨子，1頭大象等於多少隻羊，並把正確的答案寫在格子裏。

# 小鴨換小雞

請你根據圖中的提示，想一想，1隻小鴨和1隻大公雞能換來多少隻小雞，在下面的4組答案中找出正確的那組，並圈起來。

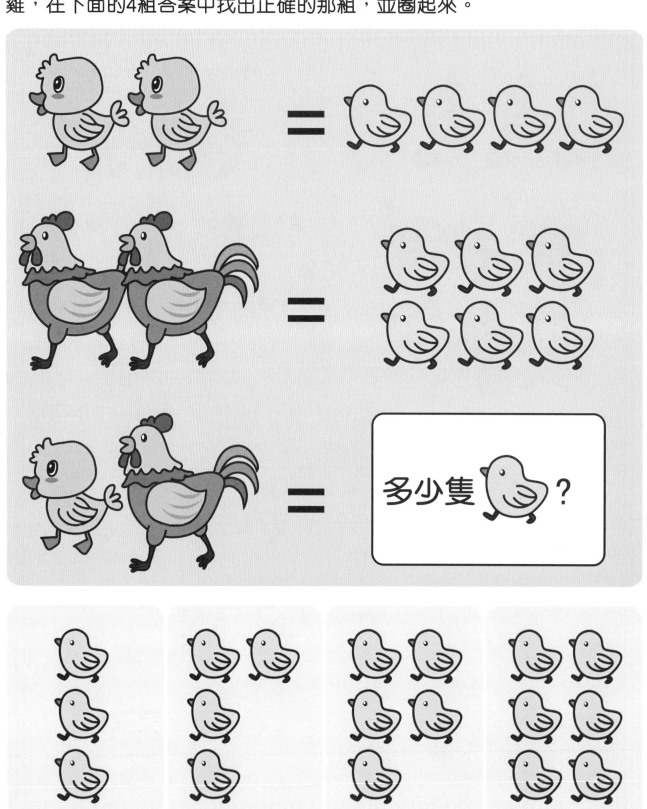

量的推理

請你觀察下面的等量圖，然後在格子裏寫出正確的數字。

量的推理

觀察下面這4個天秤，想一想，每個天秤的右邊應該放上多重的砝碼才能保持平衡，請你圈出正確的砝碼，並把代表重量的數字寫在格子裏。

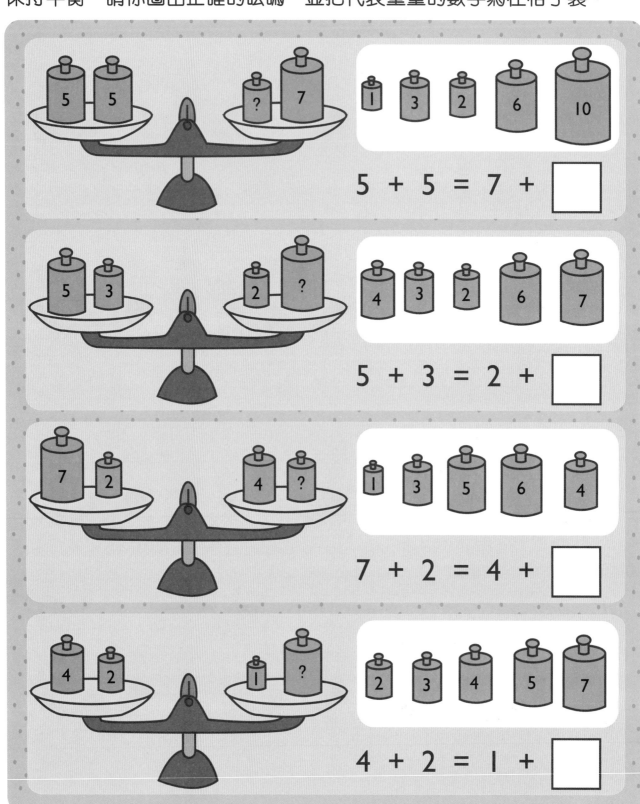

$5 + 5 = 7 +$ ☐

$5 + 3 = 2 +$ ☐

$7 + 2 = 4 +$ ☐

$4 + 2 = 1 +$ ☐

量的推理

觀察下面這4個天秤，想一想，每個天秤的右邊應該放上多重的砝碼才能保持平衡，請你圈出正確的砝碼，並把代表重量的數字寫在格子裏。

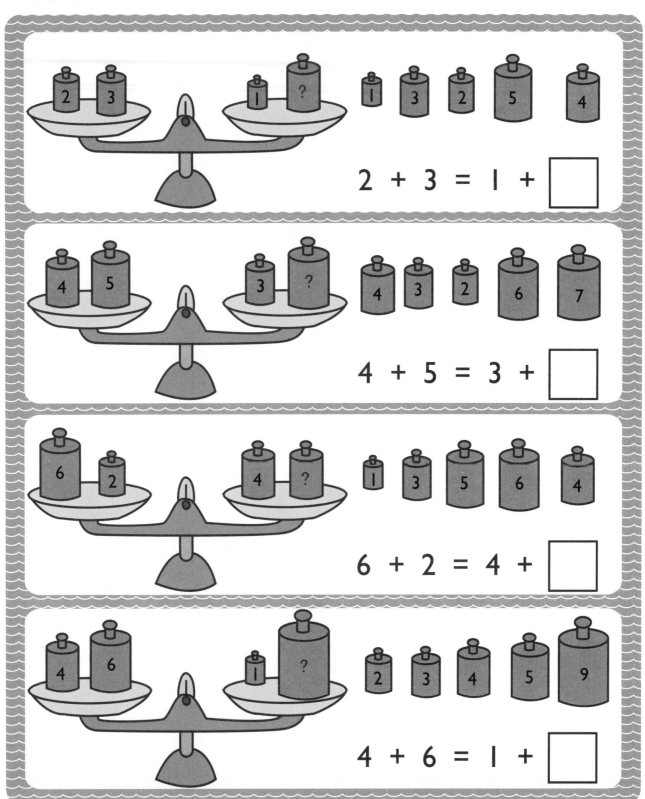

$2 + 3 = 1 + \square$

$4 + 5 = 3 + \square$

$6 + 2 = 4 + \square$

$4 + 6 = 1 + \square$

# 推算數量（一）

量的推理

請你根據下圖提示，在格子裏寫出正確的水果數量。

# 推算數量（二）

請你根據下圖提示，在格子裏寫出正確的水果數量。

# 誰偷吃了蛋糕

誰偷吃了生日蛋糕？請你仔細觀察盤子裏剩下的蛋糕和這幾隻小老鼠，把偷吃的小老鼠和牠的牙印用線連起來。

# 輪滑鞋的規律

圖形推理

請你仔細觀察橫排和豎排輪滑鞋的規律，然後給沒有滑輪的輪滑鞋按正確的數量規律畫出滑輪。

# 格子裏的水果

請你在下面的格子裏畫出香蕉、蘋果、草莓和梨,使每一行每一列都有這4種水果,而且不能重複。

# 格子裏的動物

請你從卡紙頁剪下動物卡貼在格子裏，使每一行每一列都有這5種動物，而且不能重複。

# 果汁的高度

媽媽正在給寶寶榨果汁,請你根據第一個杯子的提示,給其餘的杯子塗上正確的果汁的高度。

# 小花的位置

請你仔細觀察每組正方形中小花和色塊的位置,想一想第二行(2)號、第三行(1)號的小花和色塊分別應該在什麼位置,並畫出正確的答案。

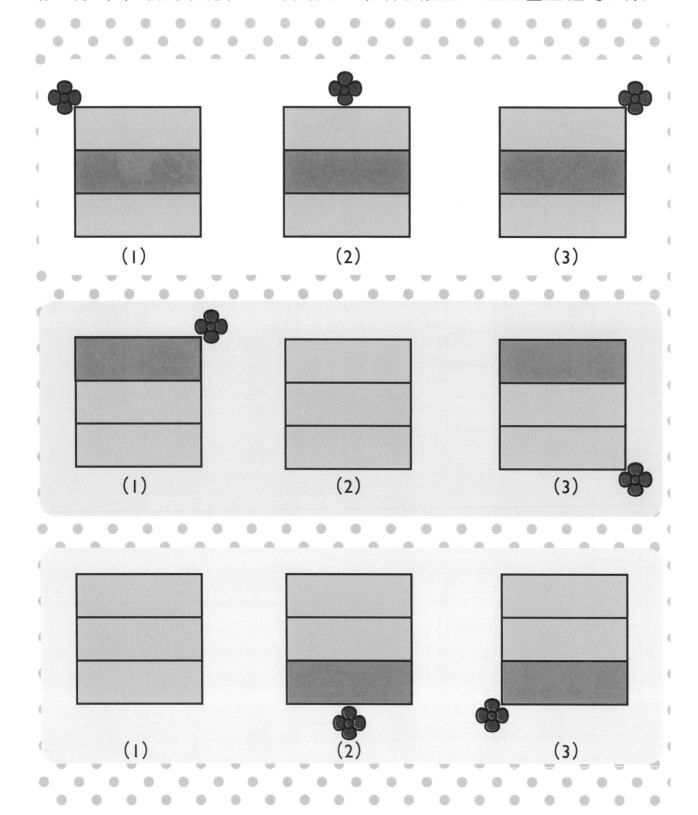

# 圖案的規律

請你仔細觀察每組圖案中前兩個的變化規律，想一想，如果第三和第四個圖案的變化規律和它們相同，那麼第四個圖案應該是（1）-（4）中的哪一個？請你把答案圈起來。

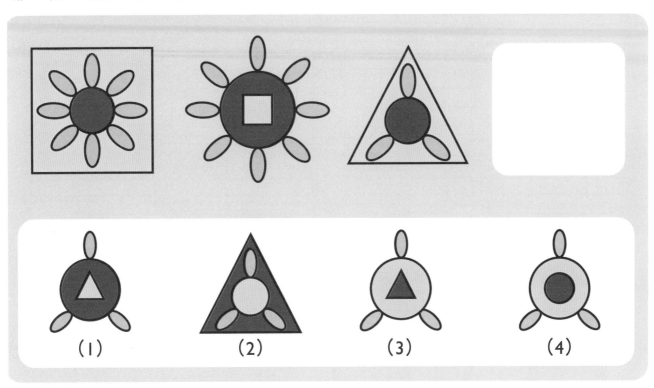

（1）　　　　（2）　　　　（3）　　　　（4）

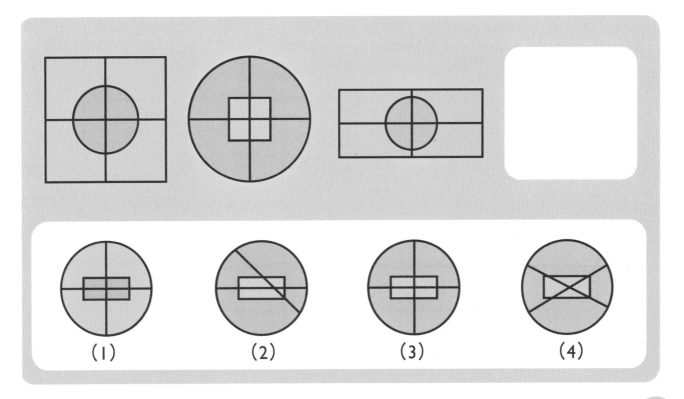

（1）　　　　（2）　　　　（3）　　　　（4）

# 圖形的規律

請你根據圓點和三角形的出現規律,在正確的位置給剩下的圖形畫上圓點和三角形。

# 小熊做體操

請你觀察橫排和豎排小熊做體操的動作，給沒有做出動作的小熊身上畫出正確的動作。

# 圖形的組合

圖形推理

下面的圖形中，哪兩個組合在一起就是一個完整的正方形？請你從卡紙頁剪下活動卡拼起來試一試，然後把正確的數字寫在下面的格子裏。

| 1 | 2 | 3 |

| 4 | 5 | 6 |

| 7 | 8 | 9 |

| 10 | 11 | 12 |

| 1 | 9 |

# 蜜蜂的花紋

圖形推理

請你觀察橫排和豎排小蜜蜂身上的花紋和出現的規律，在沒有花紋的小蜜蜂身上畫出正確的花紋。

請你仔細觀察下面這些小朋友的表情特徵和出現規律，給沒有表情的小朋友畫上正確的表情。

請你觀察橫排和豎排時鐘的指針的排列規律，給沒有指針的時鐘畫上指針。

# 變化規律

圖形推理

請你根據正方形裏小圓和小花的變化規律,想一想,白色正方形應該是
(1)-(4)中的哪一個,請你把正確的答案圈起來。

(1)　　　　　(2)　　　　　(3)　　　　　(4)

請你觀察橫排和豎排格子的顏色規律，在（1）-（4）中選出白色格子的正確圖案，並圈起來。

（1）　　　　（2）　　　　（3）　　　　（4）

# 顏色規律（二）

請你根據每組前三個格子的變化規律，給第四個格子塗上顏色。

例

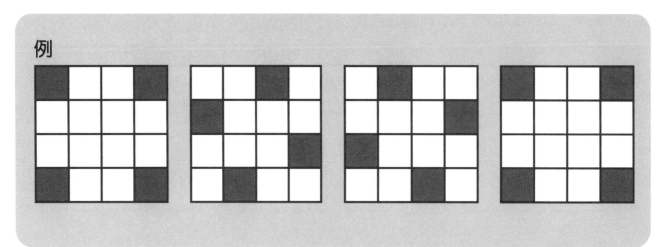

① 

② 

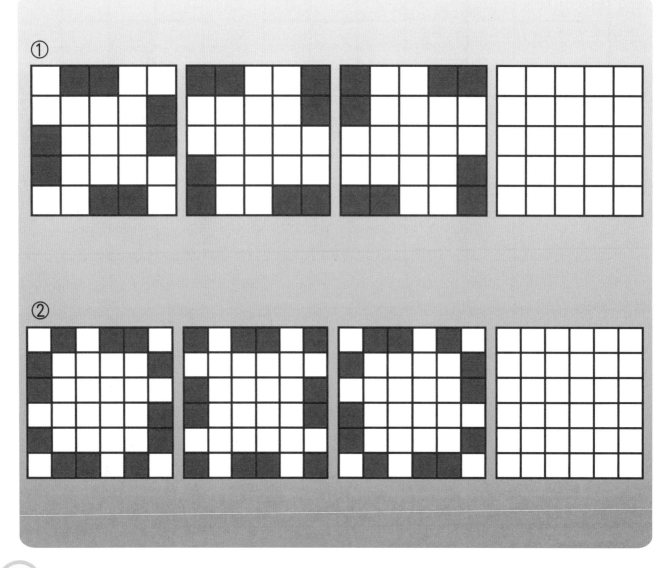

# 代表的數字（一）

數字推理

請你根據下面的算式，想一想，小貓、公雞和鴨子分別代表什麼數字，並把正確的數字寫在格子裏。

🐱 − 🐶 = 2

🐶 − 🐰 = 3

🐰 + 🐰 = 6

🐱 = ☐

🐓 + 🐓 = 10

🐓 + 🦆 = 9

🐓 = ☐　　🦆 = ☐

# 代表的數字（二）

數字推理

請你根據下面的算式，想一想，蘋果、梨和西瓜分別代表什麼數字，1個桃子和1個橙相加等於多少顆草莓，並把正確的答案寫在格子裏。

🍒 + 🍐 = 7

🍐 + 🍉 = 10

🍒 + 🍉 = 9

🍒 = ☐   🍐 = ☐   🍉 = ☐

🍑🍑 + 🍓🍓🍓🍓🍓🍓 = 10

🍊 + 🍓🍓🍓🍓🍓🍓 = 9

🍑 + 🍊 = ☐ 🍓

# 代表的數字（三）

請你根據算式，想一想，胡蘿蔔、白菜、南瓜和番茄代表什麼數字，並把正確的數字寫在蔬菜下面的格子裏。

# 數字歌

請你根據提示在格子裏寫出正確的數字，並在寫完之後把兒歌唸出來。

1隻公雞 ⟶ ☐ 條腿

2隻公雞 ⟶ ☐ 條腿

3隻公雞 ⟶ ☐ 條腿

4隻公雞 ⟶ ☐ 條腿

5隻公雞 ⟶ ☐ 條腿

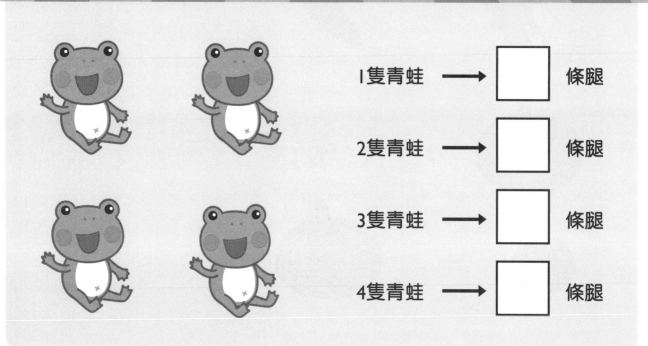

1隻青蛙 ⟶ ☐ 條腿

2隻青蛙 ⟶ ☐ 條腿

3隻青蛙 ⟶ ☐ 條腿

4隻青蛙 ⟶ ☐ 條腿

# 數字的規律

數字推理

請你按照例題，在下面的格子裏填上正確的數字，並在填完之後說一說它們的規律是什麼。

 ☐ 個 5　　☐ × 5 = ☐ （例題：1 個 5，1 × 5 = 5）

 ☐ 個 5　　☐ × 5 = ☐

 ☐ 個 5　　☐ × 5 = ☐

 ☐ 個 5　　☐ × 5 = ☐

 ☐ 個 5　　☐ × 5 = ☐

# 花朵的規律

數字推理

每個花盆裏都有9朵小花，請你按照每一盆都比上一盆多一朵紅花的規律給小花塗色，並在格子裏填上花盆裏白色花和紅色花的數量，說一說哪兩個數字相加能等於9，它們的規律是什麼。

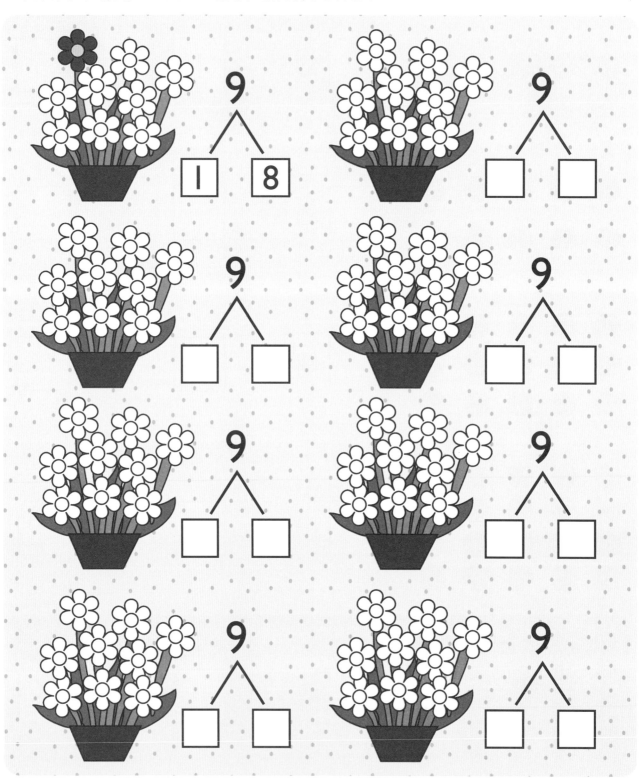

# 數字謎題（一）

請你觀察每一行中數字的規律，然後在白色格子裏填上正確的數字。

請你觀察每一行中數字的規律，然後在白色格子裏填上正確的數字。

# 猜猜數字

請你根據第一行兔子和猴子的數字提示，在動物身上的格子裏寫出正確的數字，並且給每隻動物下的圓圈按照相應的數量塗色。

# 動物的數字

數字推理

請你仔細觀察下面的圖畫，想一想，每隻動物分別代表什麼數字，並把答案寫在動物身上的格子裏。

□ + □ = 8

□ + □ = 9

□ + □ = 11

數字推理

請你先仔細觀察下面這些加法算式之間的關係，然後在格子裏寫出正確的數字，並說一說這些數字之間的關係是什麼。

2 + 9 = ▢

6 + 5 = ▢

3 + 8 = ▢

7 + 4 = ▢

4 + 7 = ▢

8 + 3 = ▢

5 + 6 = ▢

9 + 2 = ▢

# 數字的關係（二）

請你先仔細觀察下面這些減法算式之間的關係，然後在格子裏寫出正確的數字，並說一說這些數字之間的關係是什麼。

12 － 2 ＝ □

12 － 3 ＝ □

12 － 4 ＝ □

12 － 5 ＝ □

12 － 6 ＝ □

12 － 7 ＝ □

12 － 8 ＝ □

12 － 9 ＝ □

# 哪個是一樣

記憶力

請你在每組圖的右邊找出跟左邊相同的一個,然後把它圈起來。

# 同類的物品

記憶力

請你用2分鐘記住下面的物品，並說說它們有什麼共同點。

# 記憶顏色

請你仔細觀察左邊圖形裏的色塊位置,然後蓋住它,在右邊空白格子中的相應位置塗上顏色。

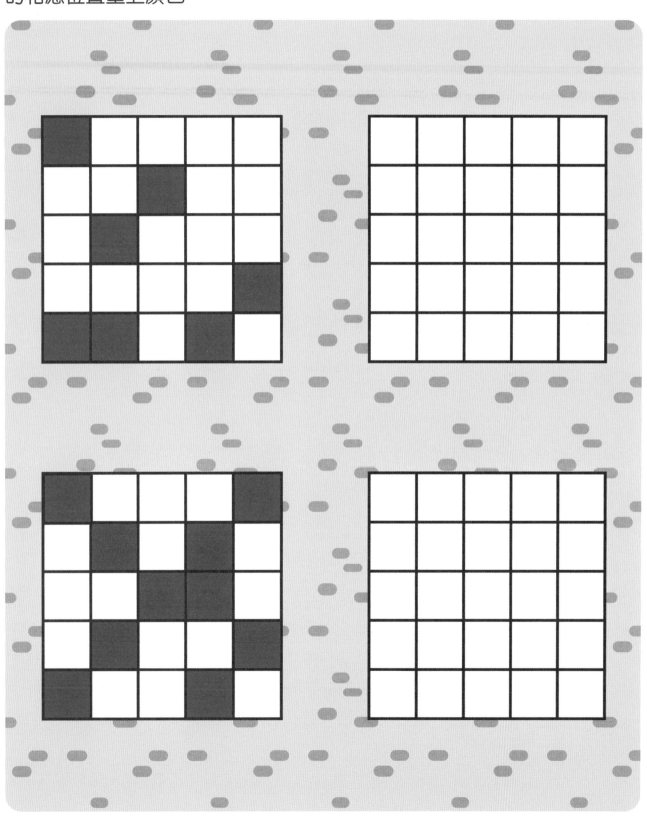

# 動物變變變

請你先仔細觀察這幅圖中出現的動物，然後蓋住這一頁，回答下一頁的問題。

這幅畫中出現哪些新的動物？哪些動物的數量出現了變化，是怎樣的變化？

# 圖案變變變

請你記住下面每組圖案裏的9種圖案,然後蓋住這一頁,回答下一頁的問題。

①

②

③

下面的圖案中哪些是上一頁中出現過的？請你在它們下面的格子裏畫上✓。

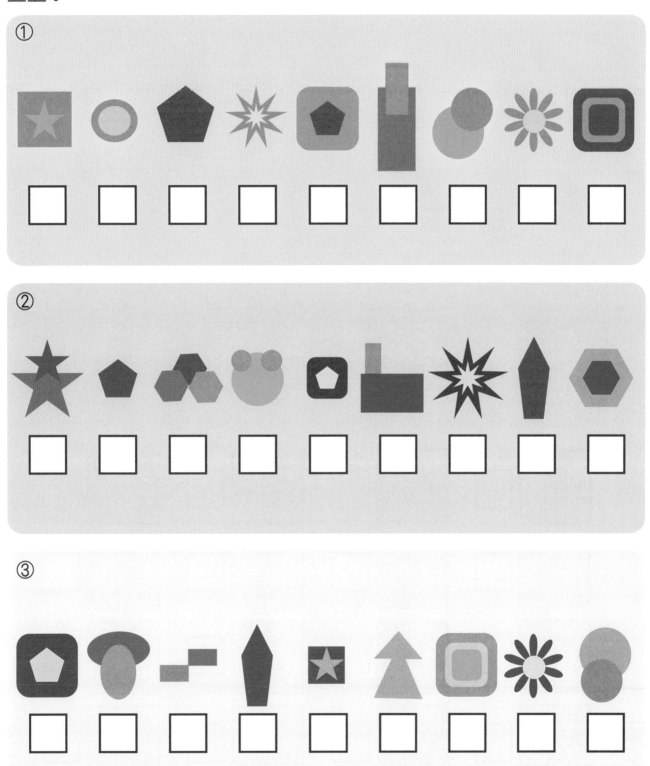

請你用2分鐘記住上面的圖案,然後蓋住它,想一想,下面的圖案中哪些是上面出現過的,請你在它們右邊的格子裏畫上 ✓。

觀察下圖中的圓形圖案，1分鐘後請你在下面的空白圓形上畫出和上面一樣的圖案。

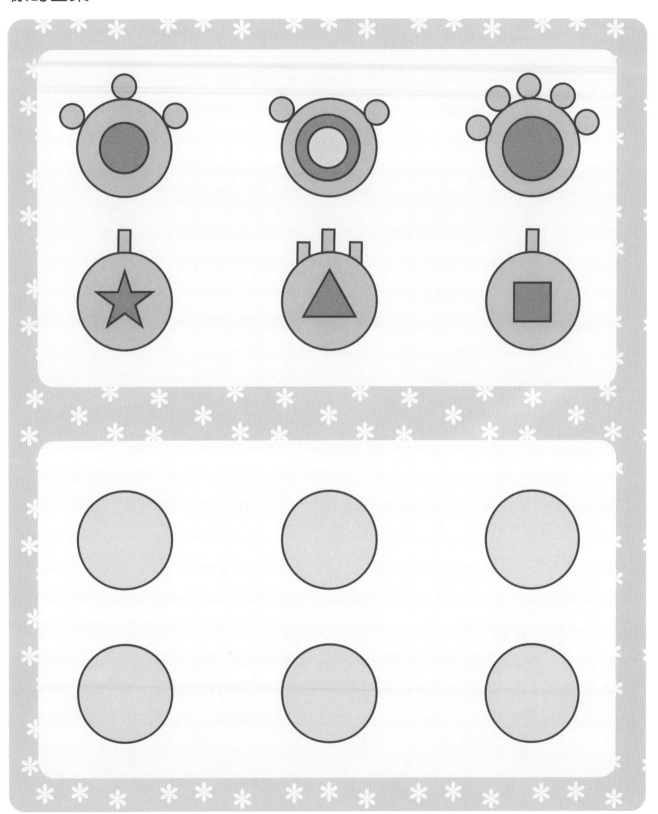

分析與概括

1號跑車比3號跑車跑得快，2號跑車比3號跑車跑得慢，3號跑車比4號跑車跑得慢，4號跑車比1號跑車跑得快。請你按照從慢到快的順序，給4輛跑車排排序，並把相應的序號寫在白色格子裏。

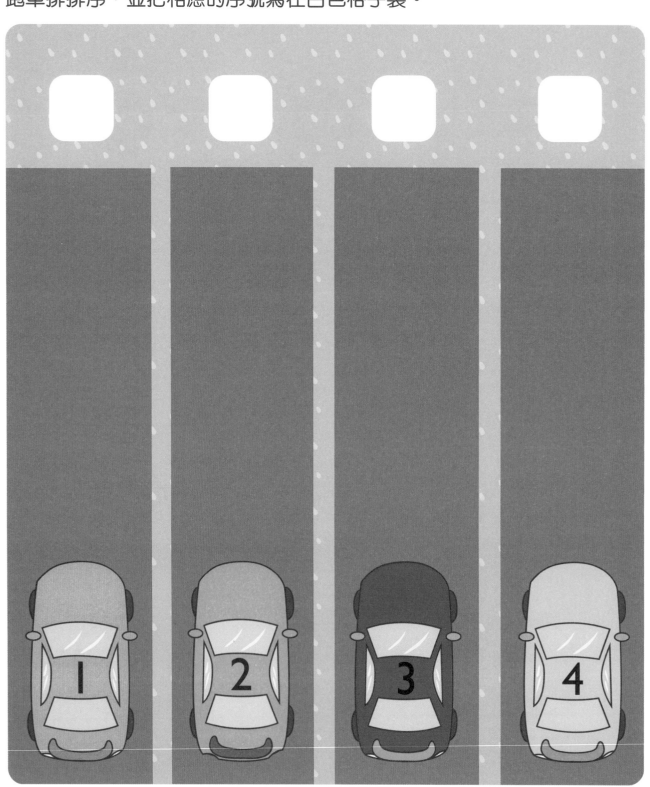

# 面積一樣嗎（一）

分析與概括

下面每組中的圖形佔的面積一樣大嗎？（1個三角形算半個格子，2個三角形算1個格子。）如果一樣大就在格子裏畫上 ✓，不一樣大就畫上 ✗。

# 面積一樣嗎（二）

下面每組中的圖形佔的面積一樣大嗎？（1個三角形算半個格子，2個三角形算1個格子。）如果一樣大就在格子裏畫上 ✓，不一樣大就畫上 ✗。

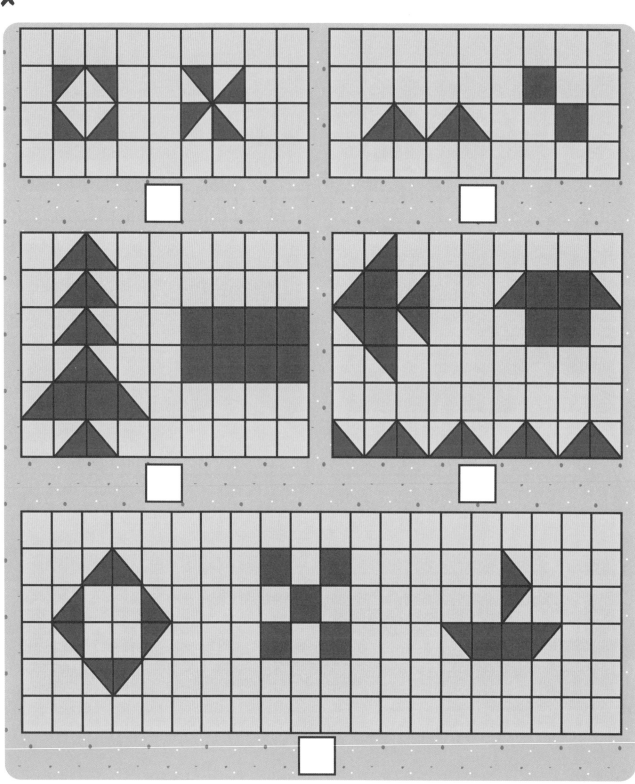

# 面積一樣嗎（三）

下面每組中的圖形佔的面積一樣大嗎？（1個三角形算半個格子，2個三角形算1個格子。）如果一樣大就在格子裏畫上 ✓，不一樣大就畫上 ✗。

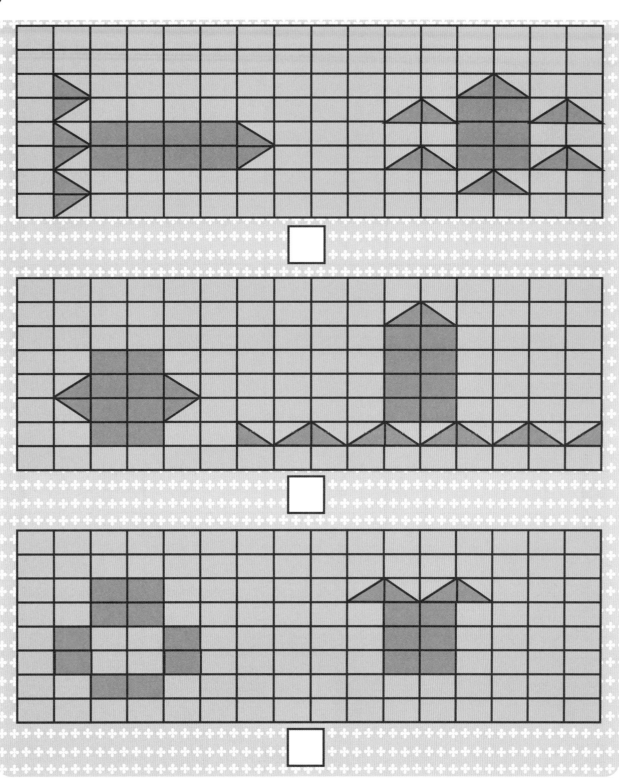

分析與概括

下面有一個由4個紅色的正方形組成的圖案。請你用不同顏色的筆，分別畫出4個正方形，組成不同的圖案。最後數一數一共畫出了多少種圖案，並把數字寫在最下面的格子裏。

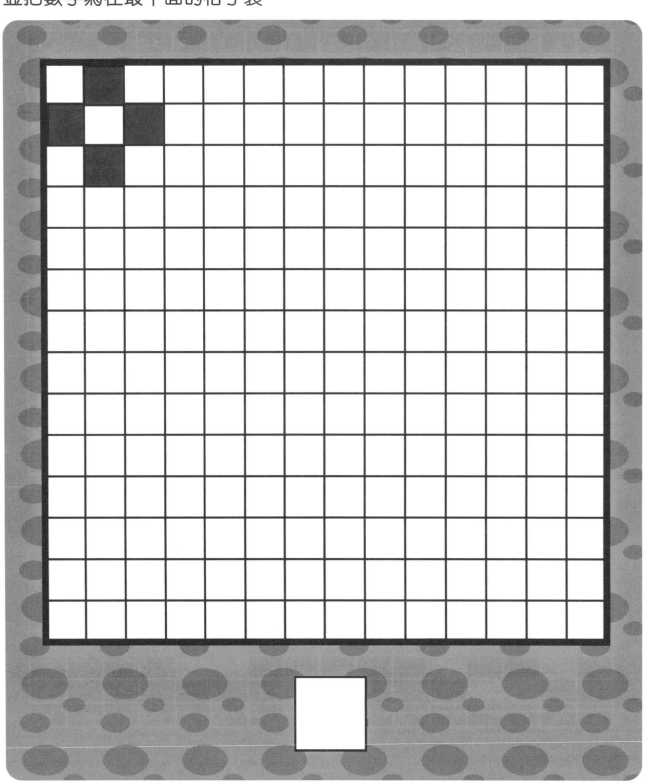

下面有一個由6個黃色的正方形組成的圖案。請你用不同顏色的筆，分別畫出6個正方形，組成不同的圖案。最後數一數一共畫出了多少種圖案，並把數字寫在最下面的格子裏。

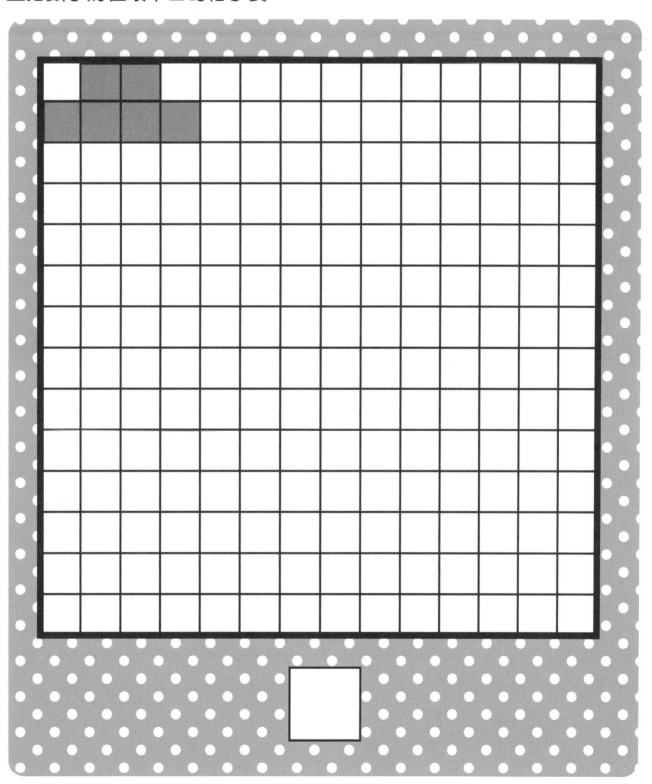

# 找磚塊

牆上的磚塊缺了一部分，請你在（1）-（6）中選出合適的4塊補上，並把序號寫在相應的位置上。

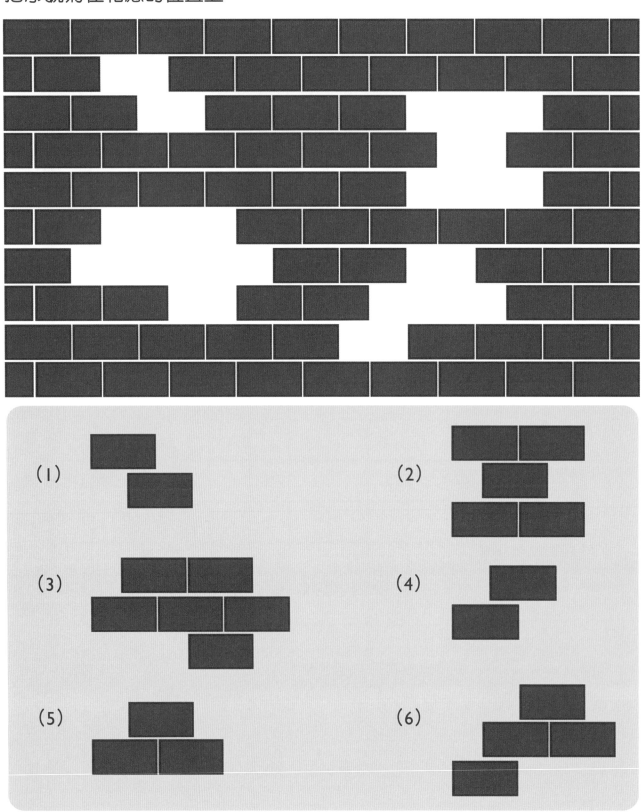

# 數磚塊

下面的幾面牆上都缺了一些磚塊，請你數一數它們分別缺了幾塊磚，並把數字寫在牆下面的格子裏。

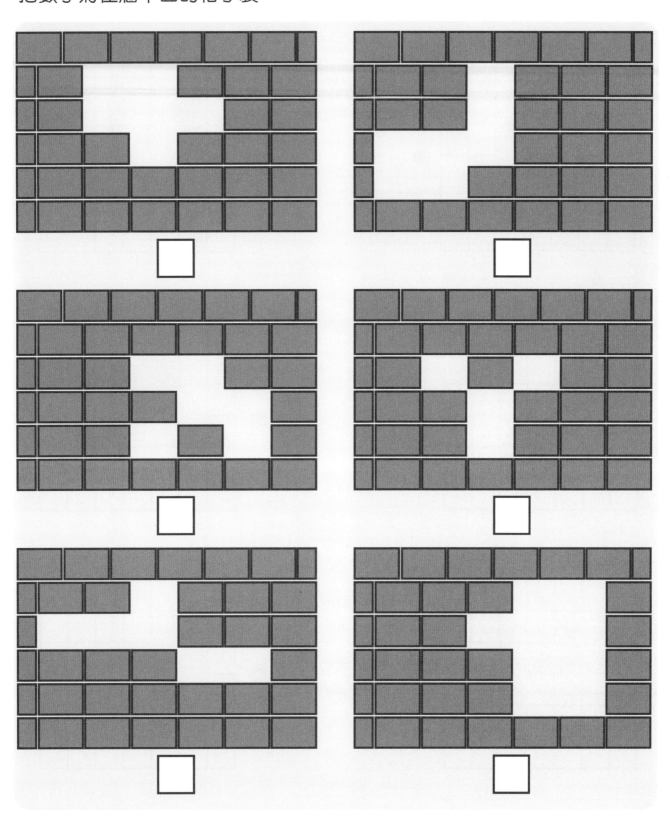

# 草坪的面積

請你想一想，左右兩邊的草坪哪兩塊佔的面積一樣大，然後把它們用線連起來。

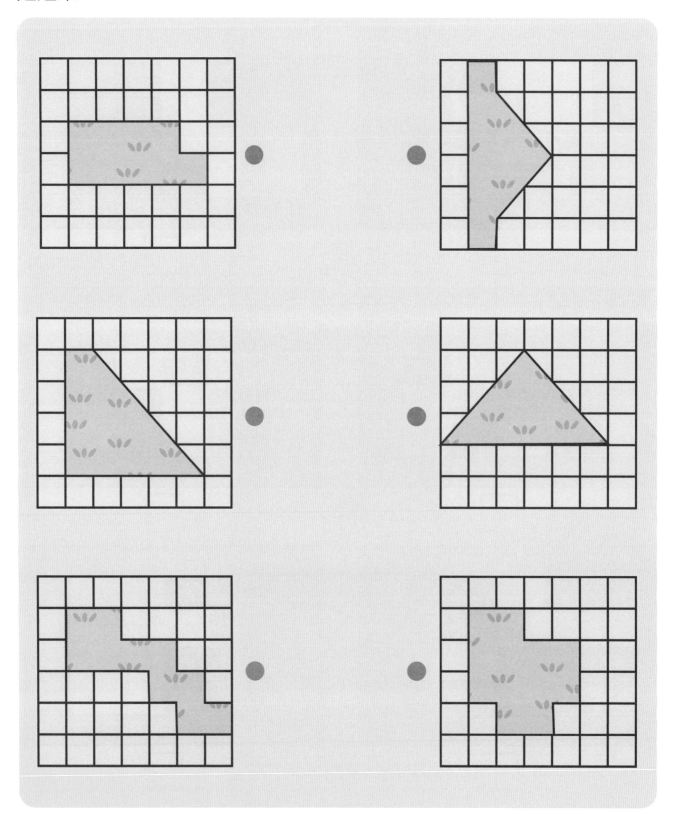

# 鴨子找媽媽

這些小鴨子是哪隻鴨媽媽的孩子？請你分別給兩隻鴨媽媽塗上綠色和黃色，然後計算出小鴨子身上算術題的答案，看看牠們和哪隻鴨媽媽身上的數字一樣，就塗上和那隻鴨媽媽一樣的顏色。

# 找花瓶

請你算一算花瓶上的算術題,想想這些花兒應該插到哪個花瓶裏,然後把它們用線連起來。

# 小熊的腳印

這些算術題上有一部分數字被小熊的爪印蓋住了，請你想一想它們分別是什麼數字，然後把答案寫在小熊的腳印上。

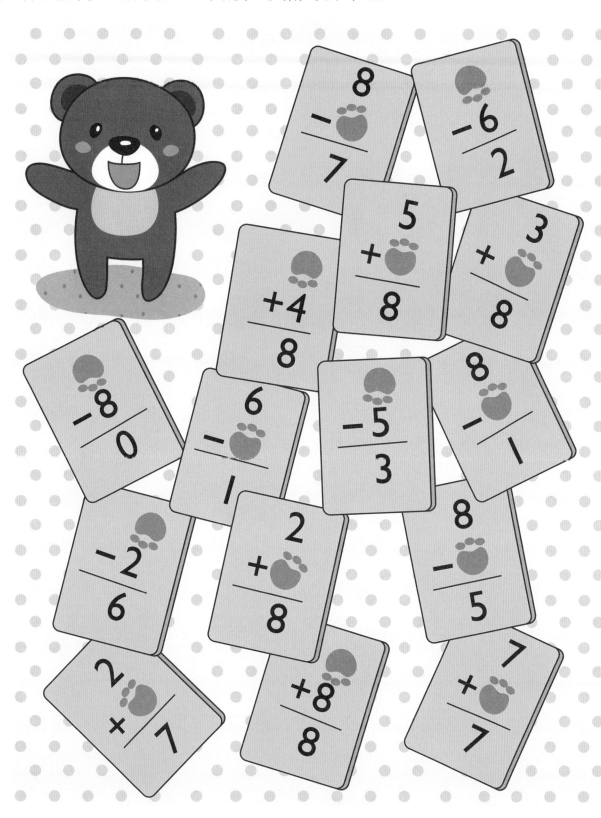

# 數字餅乾

下面這些餅乾都被老鼠咬掉了一部分，請你想一想被咬掉的分別是什麼數字，然後把答案寫在格子裏。

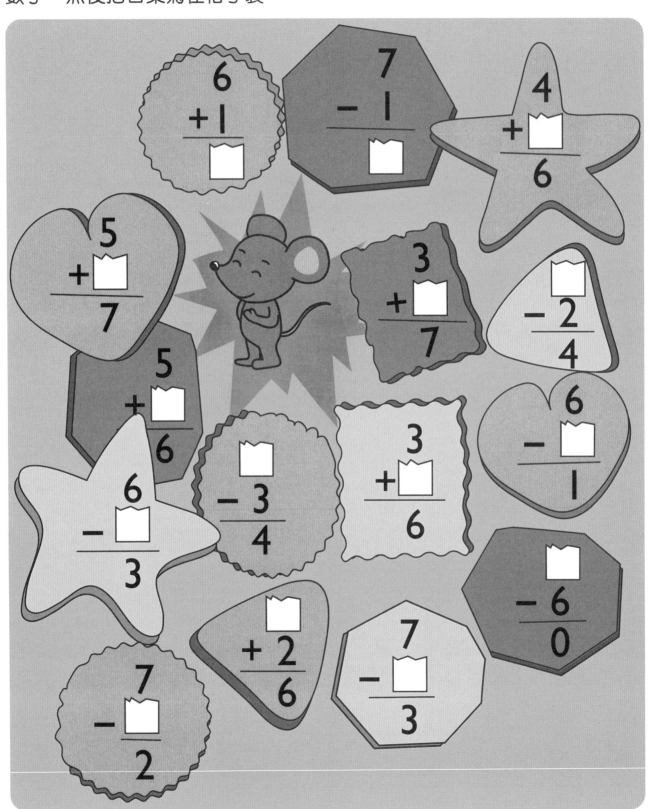

# 數字遊戲

在最上面的圓圈裏，橫排或豎排的3個數字相加等於5，所有的數字相加等於12。請你試試在左下方圓圈裏用3個1和5個2填滿格子，使橫排和豎排的3個數字相加等於5，所有的數字相加等於13；在右下方圓圈裏用2個1和6個2填滿格子，使橫排和豎排的3個數字相加等於5，所有的數字相加等於14。

| 2 | 1 | 2 |
|---|---|---|
| 1 |   | 1 |
| 2 | 1 | 2 |

12

13

14

# 小蝌蚪找媽媽

請你幫小蝌蚪找媽媽。先算一算青蛙媽媽身上算術題的答案,再把符合這個答案的小蝌蚪和青蛙媽媽用線連起來。

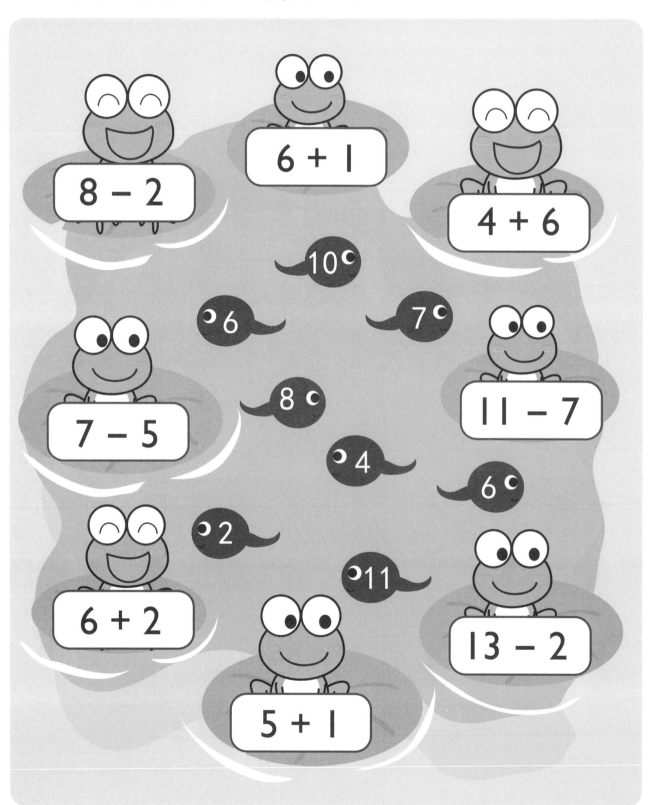

# 小馬要吃草

小馬要吃到草就要通過這個迷宮。請你先算出每道算術題的答案，把正確的答案填在格子裏，然後按照2，0，1，4的順序把小馬帶到草叢裏。

| 3 → | 4 → | 9 | 3 | 5 | 6 |
|---|---|---|---|---|---|
| − 1 | − 4 | − 8 | + 7 | − 0 | − 2 |
| 2 | 0 | 1 | | | |

| 3 | 5 | 3 | 2 | 8 | 3 | 5 |
|---|---|---|---|---|---|---|
| − 2 | + 5 | + 4 | + 2 | − 4 | + 3 | − 4 |
| | | | | | | |

| 10 | 6 | 7 | 10 | 0 | 9 | 8 |
|---|---|---|---|---|---|---|
| − 5 | + 3 | + 2 | − 8 | + 0 | − 6 | + 0 |
| | | | | | | |

| 8 | 6 | 6 | 10 | 9 | 3 | 2 |
|---|---|---|---|---|---|---|
| − 7 | − 4 | − 4 | − 6 | − 8 | + 6 | + 7 |
| | | | | | | |

| 0 | 7 | 8 | 12 | 9 | 5 | 4 |
|---|---|---|---|---|---|---|
| + 9 | − 6 | − 4 | − 10 | − 9 | − 4 | + 1 |
| | | | | | | |

| 1 | 8 | 6 | 9 | 3 | 7 |
|---|---|---|---|---|---|
| + 8 | − 3 | − 5 | − 2 | + 1 | − 3 |
| | | | | | |

# 猴子的鞦韆

每隻小猴子都有自己的鞦韆。請你先算出每個鞦韆上的算術題的答案，然後把答案相同的猴子和鞦韆用線連起來。

**練習 1：** 正確的一組有 3 隻動物

**練習 2：** 每隻貓捉了 3 隻老鼠

**練習 3：** 一共有 4 隻小鴨子，圈起數字 4

**練習 4：** 小熊 6 歲，小牛 7 歲，小象 8 歲

**練習 5：** 小猴了什在第 6 層，小貓住在第 7 層，小狗住在第 5 層，小馬住在第 8 層

**練習 6：** 一共有 10 隻動物

**練習 7：** 10 個

**練習 8：** 答案可以是：

| 小黑貓 | 小白貓 | 小黃貓 |
|---|---|---|
| 10 條 | 10 條 | 7 條 |
| 11 條 | 11 條 | 5 條 |
| 12 條 | 12 條 | 3 條 |
| 13 條 | 13 條 | 1 條 |

**練習 9：** 最短的路線是途經 5 隻貓，每隻貓給 2 條魚，用掉了 10 條。

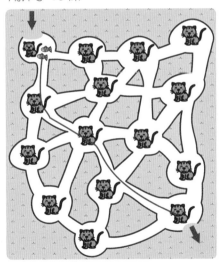

**練習 10：** 第 1 題：3 元，第 2 題：5 元
第 3 題：7 元，第 4 題：7 元
第 5 題：11 元，第 6 題：8 元

**練習 11：** 第 1 題：2 元，第 2 題：2 元
第 3 題：2 元，第 4 題：3 元
第 5 題：4 元，第 6 題：4 元

**練習 12：** 4 個杯子蛋糕

**練習 13：** 從輕至重順序是：小羊（1）、小豬（2），小牛（3），大象（4）

**練習 14：** 第 1 題：4，第 2 題：6
第 3 題：4，第 4 題：2

**練習 15：** 需要放 2 個蘋果

**練習 16：** 4 號天秤：2 個南瓜等於 4 棵白菜
5 號天秤：2 個南瓜等於 4 個蘿蔔

**練習 17：** 冠軍是舉起共 60 千克的小熊

**練習 18：** 1 隻小鹿等於 10 隻小鳥

**練習 19：** 1 隻小狗等於 9 隻小雞

**練習 20：** 1 隻袋鼠等於 8 隻松鼠，
1 隻小鹿等於 9 隻老鼠

**練習 21：** 1 隻小貓等於 4 隻鴨子，
1 頭大象等於 6 隻小羊

**練習 22：** 能換來 5 隻小雞

**練習 23：** 2 隻羊 = 6 隻兔子
1 頭牛 = 6 隻兔子
6 隻兔子 = 2 隻羊 = 1 頭牛
4 隻羊 = 2 頭牛 = 12 隻兔子
2 頭牛 = 12 隻兔子 = 4 隻羊

**練習 24：** 5+5=7+3；5+3=2+6
7+2=4+5；4+2 = 1+5

**練習 25：** 2+3 =1+4；4+5=3+6
6+2=4+4；4+6=1+9

**練習 26：** 1 個桃子 =2 顆草莓，
1 個菠蘿 =3 個檸檬

**練習 27：** 1 個蘋果 =3 根香蕉，
1 個芒果 =2 個梨

練習28：

練習29：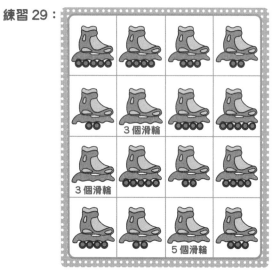

練習30：

練習31：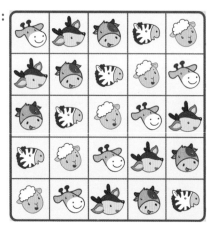

練習32：

練習33：第二行（2）號　　第三行（1）號

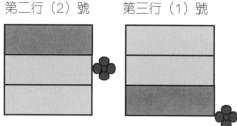

練習34：（1），（3）

練習35：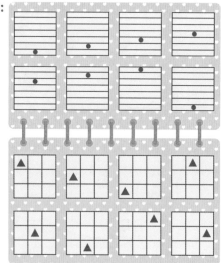

練習36：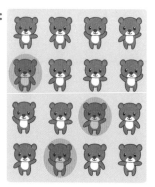

**練習 37：**2，10；3，5；4，11；6，12；7，8

**練習 38：**

**練習 39：**

**練習 40：**第二行　　　　　　第三行

**練習 41：**（4）

**練習 42：**（2）

**練習 43：**　　第 1 題　　　　　　第 2 題

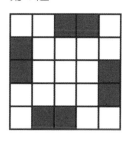

**練習 44：**小貓 =8，公雞 =5，鴨子 =4

**練習 45：**蘋果 =3，梨子 =4，西瓜 =6，
桃子 + 橙 =5 顆草莓

**練習 46：**胡蘿蔔 =4，白菜 =7，南瓜 =5，
番茄 =4

**練習 47：**（公雞）2 條腿，4 條腿，
6 條腿，8 條腿，10 條腿；
（青蛙）4 條腿，8 條腿，
12 條腿，16 條腿

**練習 48：**2 個 5，2x5=10；
3 個 5，3x5=15；
4 個 5，4x5=20；
5 個 5，5x5=25

**練習 49：**2（紅花）和 7（白花）
3（紅花）和 6（白花）
4（紅花）和 5（白花）
5（紅花）和 4（白花）
6（紅花）和 3（白花）
7（紅花）和 2（白花）
8（紅花）和 1（白花）

**練習 50：**第一行：8；第二行：5，9；
第三行：14，10

**練習 51：**第二行：13；第三行：18

**練習 52：**第二行：4+3=7；第三行：4+1=5

**練習 53：**小羊 =5；小貓 =3；小狗 =6

**練習 54：**全部等於 11（是 11 的組合關係）

**練習 55：** 12-2=10；12-3=9；
　　　　　 12-4=8；12-5=7
　　　　　 12-6=6；12-7=5
　　　　　 12-8=4；12-9=3
　　　　　 （每個答案的數字比前一個少 1）

**練習 56：**

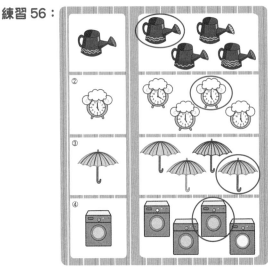

**練習 57：** 第一組是水果，第二組是蔬菜，
　　　　　 第三組是甜品

**練習 58：** 略

**練習 59：** 出現了新的動物：長頸鹿、老虎、松鼠、
　　　　　 小狗；天鵝多了 1 隻；少了一隻獅子和駱
　　　　　 駝

**練習 60：**

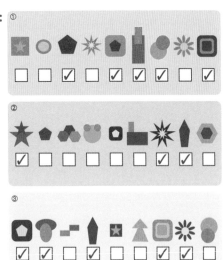

**練習 61：**

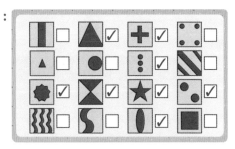

**練習 62：** 略

**練習 63：** 3，1，2，4

**練習 64：** ✓ ✗
　　　　　 ✓ ✓
　　　　　 ✓ ✓

**練習 65：** ✓ ✓
　　　　　 ✓ ✗
　　　　　 ✗

**練習 66：** ✓
　　　　　 ✗
　　　　　 ✗

**練習 67-68：** 略

**練習 69：** 左上（1），右上（2），
　　　　　 左下（3），右下（6）

**練習 70：** 第 1 題：6，第 2 題：7
　　　　　 第 3 題：6，第 4 題：4
　　　　　 第 5 題：6，第 6 題：9

**練習 71：**

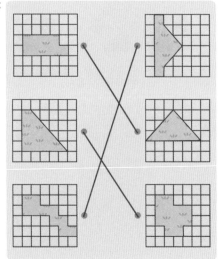

**練習 72：** 把答案是 13 的小鴨子塗上相同顏色：

8+5=13；16-3=13；1+12=13；

15-2=13；6+7=13；17-4=13；

10+3=13；9+4=13

把答案是 9 的小鴨子塗上另一種顏色：

4+5=9；3+6=9；13-4=9；

2+7=9；8+1=9；18-9=9；

**練習 73：**

**練習 74：** 8-1=7，8-6=2，4+4=8，5+3=8，

3+5=8，8-8=0，6-5=1，8-5=3，

8-7=1，8-2=6，2+6=8，8-3=5，

2+5=7，0+8=8，7+0=7

**練習 75：** 6+1=7，7-1=6，4+2=6，

5+2=7，3+4=7，6-2=4，

5+1=6，6-3=3，7-3=4，

3+3=6，6-5=1，7-5=2，

4+2=6，7-4=3，6-6=0

**練習 76：**

| 2 | 1 | 2 |
|---|---|---|
| 1 |   | 2 |
| 2 | 2 | 1 |

13

| 2 | 2 | 1 |
|---|---|---|
| 2 |   | 2 |
| 1 | 2 | 2 |

14

**練習 77：**

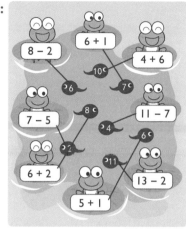

**練習 78：**

| 3−1 | → | 4−4 | → | 9−8 | | 3+7 | 5−0 | 6−2 |
|---|---|---|---|---|---|---|---|---|
| 2 | | 0 | | 1 | | 10 | 5 | 4 |
| 3−2 | | 5+5 | | 3+4 | | 2+2 | 8−4 | 3+3 | 5−4 |

(表格內容)

**練習 79：**

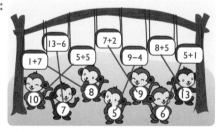

93